René Respondek

Chaos - A Geometry of Nature

GRIN Verlag

Bibliografische Information der Deutschen Nationalbibliothek:

Die Deutsche Bibliothek verzeichnet diese Publikation in der Deutschen Nationalbibliografie; detaillierte bibliografische Daten sind im Internet über http://dnb.d-nb.de/ abrufbar.

Impressum:

Druck und Bindung: Books on Demand GmbH, Norderstedt Germany
ISBN: 978-3-640-86419-5

Dieses Buch bei GRIN:

http://www.grin.com/de/e-book/57750/chaos-a-geometry-of-nature

Universität Osnabrück

Seminararbeit im Fachgebiet

Außenwirtschaft

im Wintersemester 2005 / 06

A Geometry of Nature

Seminar im Fach „Allgemeine Volkswirtschaftslehre“

„Chaos – Making a new science“

Respondek, René

Inhaltsverzeichnis **Seite**

Abkürzungsverzeichnis

Abb.	Abbildung
Abs.	Absatz
bzw.	beziehungsweise
d. h.	das heißt
ff.	fortfolgende
o.V.	ohne Verfasser
S.	Seite
s. o.	siehe oben
sog.	so genannte
u. a.	unter anderem
u. A.	und Andere
u. U.	unter Umständen
usw.	und so weiter
v. Chr.	vor Christus
Vgl.	Vergleiche
z. B.	zum Beispiel

Abbildungsverzeichnis

1 Einleitung

Es liegt in der Natur des Menschen, komplizierte Sachverhalte zu hinterfragen und zu verstehen. So beschäftigen sich Wissenschaftler seit Jahrhunderten damit, ihre Umwelt und vor allem dort auftauchende, scheinbar chaotische Systeme in eine geordnete und verständliche Struktur zu bringen. Ein Beispiel hierfür ist die über zweitausend Jahre gültige Euklidische Geometrie, die als Standardgeometrie ein Bestandteil der klassischen Mathematik ist und unter anderem unsere Umwelt in ein ganzzahlig dimensionales System einordnet. Sie ermöglicht z. B. Daten mittels grafischer Instrumente aufzuarbeiten, zu veranschaulichen und daraus folgend besser analysieren bzw. verstehen zu können.

Der Wissenschaftler Benoit Mandelbrot hat seit den sechziger Jahren mit seinen wissenschaftlichen Forschungen und seiner Gabe, Muster und Formen intuitiv zu erfassen, ein neues Gebiet der Geometrie erschlossen, das sich auf Grenzen der euklidischen Dimension bezieht. Ausgangspunkt hierfür waren Überlegungen über eine bis dahin vollkommen neue Ansicht der geometrischen Welt. Diese zeigt sich in Gebilden mathematischer Monster wie der Koch Kurve, deren Dimensionen nach Mandelbrot den „fraktalen Dimensionen" zugeordnet werden. Inwiefern Mandelbrots Erkenntnisse die bis dahin gültige Wissenschaft revolutionierte und der Wissenschaft bis zum heutigen Zeitpunkt neue, leistungsfähige Methoden bereitstellt, wird in den folgenden Kapiteln betrachtet.

Zunächst wird in Kapitel 2 auf die Geschichte, die Euklidische Geometrie und ihre Grenzen eingegangen. In Kapitel 3 wird die fraktale Geometrie bzw. die gebrochenzahlige Dimension sowie die Koch Kurve dargestellt, wobei insbesondere das Wesen einer Küstenlinie näher analysiert wird. Zudem wird auf den Begriff der Selbstähnlichkeit eingegangen. Kapitel 4 erläutert abschließend die Zusammenhänge zwischen Fraktalen und der Chaostheorie und zeigt Anwendungsbereiche der fraktalen Mathematik auf.

2 Grundlagen der Geometrie

2.1 Geschichte

Die Geometrie ist ein Teilgebiet der Mathematik, welches in weitere Bereiche (z. B. Differentialgeometrie, Analytische Geometrie usw.) unterteilt werden kann. Der Wortursprung der Geometrie findet sich im Griechischen wieder, wobei die wörtliche Übersetzung ‚Landmessung' bedeutet. Die Anfänge geometrischer Berechnungen beschritten zunächst die Chaldäer und Ägypter, etwa bei dem Bau der Pyramiden. Nachfolgend begründete Thales (639–548 v. Chr.) in Milet[1] die so genannte Ionische Schule, aus der die ersten ernstzunehmenden, wissenschaftlichen Arbeiten über dieses Teilgebiet der Mathematik entstammen. [Vgl. Chasles, 1968, S. 1]

Von den griechischen Naturphilosophen der Antike entwickelte Formeln, Gesetze und Regeln auf dem Gebiet der Geometrie wurden bis in unsere heutige Zeit überliefert und sind größtenteils noch grundlegend für die Mathematik der Neuzeit. Zu den bekanntesten Naturphilosophen der damaligen Zeit gehören u. a. Thales, Pythagoras, Euklid und Platon. Thales erforschte insbesondere die Beschaffenheit und Zusammenhänge von Dreiecken. Pythagoras bekanntester Satz besagt, dass in einem rechtwinkligen Dreieck die Summe der Quadrate über den Katheten gleich dem Quadrat über der Hypotenuse ist ($a^2 + b^2 = c^2$). Platon entwickelte Gesetze und Formeln für die Betrachtung und Beschreibung von Körpern und Euklid verfasste mit seinem Werk „Die Elemente" eine Zusammenfassung der damaligen Mathematik. Entscheidend dabei ist, dass in den Überlegungen der Griechen, im Gegensatz zu den Ägypter und Babyloniern, erstmals mathematische Beweise formuliert wurden. Die Griechen leiteten dabei nicht nur eigene Formeln aus Gesetzen her, sondern bewiesen auch die Sätze und Formeln der Babylonier und Ägypter. [Vgl. Kaiser; Nöbauer, 1984, S. 10-11]

2.2 Die Euklidische Geometrie

Eine Menge enthält eine Zusammenfassung von mathematischen Elementen z. B. Zahlen. Eine Menge kann leer sein, niemals aber mehrere Exemplare eines Elements enthalten; diese würden als ein einziges betrachtet.[Vgl. Stein, 1999, S. 62] Ein Raum

---

[1] Eine Stadt in Ägypten

bezeichnet dagegen eine mit einer Struktur versehenden Menge. [Vgl. Scheid, 2001, S. 13]

Die Euklidische Geometrie behandelt schließlich Mengen, die Punkte in einem Raum enthalten. Eine Aneinanderreihung von Punkten bildet zum Beispiel eine eindimensionale Gerade oder Kurve. Erst die Unterscheidung in Dimensionen, im weiteren Verlauf zunächst in der Betrachtung der drei ganzzahligen, euklidischen Dimensionen, führt zu den bekannten Strukturen etwa einer Fläche oder eines Körpers. Algebraisch lässt sich ein euklidischer Raum in beliebigen Dimensionen n (n > 0) durch das n-fache kartesische Produkt[2] der reellen Zahlenmenge R beschreiben. [Vgl. Böhm; Börner; Hertel; u.A., 1975, S. 32] Im Folgenden wird nun in jene ganzzahligen Dimensionen nach Euklid unterschieden:

- Ein Punkt hat die Dimension Null.
- Eine Kurve mit unendlich vielen Punkten besitzt lokal eine eindimensionale Struktur.
- Eine Fläche beschreibt eine zweidimensionale Struktur.
- Ein Körper besitzt eine dreidimensionale Struktur.

Euklid begründete mit seiner Arbeit die so genannte Axiomatik. Axiome[3] sind Aussagen, die grundlegend sind und deshalb nicht innerhalb ihres Systems begründet werden können bzw. müssen. Dies bedeutet, dass Euklid Definitionen, Postulate und Axiome an den Anfang einer jeden Überlegung stellte, aus denen die abgeleiteten Sätze deduziert werden. [Vgl. Kropp, 1969, S. 31-32] Beispielsweise ist ein Axiom von Euklid, dass alle rechten Winkel in einem dreidimensionalen Raum kongruent sind.

In „Die Elemente" wird schließlich die uns vertraute Geometrie der Ebenen und des anschaulichen dreidimensionalen Raumes beschrieben. Entscheidend dabei ist, dass Euklid nur ganzzahlige Dimensionen berücksichtigte d. h. gebrochenzahlige Dimensionen liegen in der Euklidischen Geometrie nicht vor. [Vgl. Becker; Hoffmann, 1991, S. 69]

---

[2] In der Mathematik wird als kartesisches Produkt zweier Mengen A und die Menge B die Menge aller geordneten Paare (a, b) bezeichnet, wobei a aus A und b aus B ist. A ´ B:={(a, b) a A b B }

[3] griech.: tà tôn progónon axiómata = als wahr angenommener Grundsatz

2.3 Grenzen der Euklidischen Geometrie

Die Grenzen der euklidischen Geometrie wurden erstmals durch Überlegungen von Mathematikern aus dem 19. Jahrhundert, darunter Bolyai und Lobatschewski, aufgezeigt. Diese verließen den ganzzahligen, dimensionalen Raum und fügten dem klassischen, euklidischen Raum zwischenzahlige Dimensionen mathematisch hinzu. Es entstanden erste Modelle der nichteuklidischen Geometrie. [Vgl. Scriba; Schreiber, 2002, S. 400 ff.]

Mandelbrot selbst nahm für seine Überlegungen die Ideen dieser Mathematiker auf und trennte sich von der Euklidische Geometrie, die ihre Grenzen im ganzzahligen Dimensionsbereich hat. Die Ursache liegt darin, dass einige Phänomene in der Natur nicht mit den ganzzahligen Dimensionen von Euklid zu erklären sind. Mandelbrot definierte folglich eine neue Geometrie, die dem gegebenem Schönheitsideal widersprach, da sie nun gezackt und widerborstig ist und nicht mehr abgerundet und glatt. Als Beispiele formulierte er: „Wolken sind keine Kugeln, Berge keine Kegel, Küstenlinien keine Kreise. Die Rinde ist nicht glatt - und auch der Blitz bahnt sich seinen Weg nicht gerade.“ [Vgl. Mandelbrot, 1999, S. 14-16]

Besonders deutlich werden die Grenzen der Euklidischen Geometrie bei der Betrachtung eines Wollknäuels, wobei jeweils unterschiedliche Maßstäbe zu verschiedenen Dimensionen führen. Wird ein Wollknäuel aus einer weiten Entfernung betrachtet, so erscheint es wie ein nulldimensionaler Punkt. Aus der Nähe ist es ein dreidimensionales Gebilde. Bei weiterem Reduzieren der Entfernung erscheint es wie ein Gewirr aus eindimensionalen Fäden. Danach erscheint der Faden wieder als ein dreidimensionales Gebilde. Diese Vorgänge wiederholen sich bei jedem weiteren Annähern unendlich. Die Übergänge zwischen den Dimensionen lassen sich folglich nicht mehr mit den ganzzahligen Dimensionen von Euklid beschreiben.

3 Die Fraktale Geometrie

3.1 Beschreibung einer fraktalen Dimension

Wie Mandelbrot formulierte, stößt die Euklidische Geometrie insbesondere bei der Beschreibung der Natur an ihre Grenzen.

Ein Würfel mit durchgängig glatter Oberfläche ist in seiner Länge, Breite und Höhe zu beschreiben und erfüllt die Axiome der drei euklidischen Dimensionen d. h. er ist dimensional konkordant[4]. Ein Berg hingegen, der sich in Form eines Würfels, im weiteren Sinne, in den Himmel erstreckt, besitzt an seiner Oberfläche unzählige Spalten und Schluchten. Seine Oberfläche ist folglich nicht durchgängig glatt, sondern gebrochen d. h. irregulär in ihrer Beschaffenheit. Der Berg füllt einen dreidimensionalen, würfelförmigen Raum nicht vollständig aus und ist daher mit einer Dimension zu beschreiben, die nicht ganzzahlig ist, sondern fraktal[5]. Solche Fraktale sind dimensional diskordant. [Vgl. Mandelbrot, 1999, S. 26]

Die Fraktale Dimension ist schließlich als eine Art Maßzahl für den Grad der Unregelmäßigkeit eines Objektes zu definieren wie bei der Oberfläche eines Berges. Die gebrochene Dimension resultiert folglich daraus, dass unregelmäßigen Objekte zwischen zwei euklidischen Dimensionen liegen.

Als ein weiteres Beispiel kann an dieser Stelle das berühmte Beispiel Mandelbrots von der Küstenlinie Britanniens eingefügt werden. Das Problem der Spezifizierung einer Dimension für die Küstenlinie besteht nun darin, dass diese die Dimension eins ausfüllen würde wenn sie wahrhaftig nur eine Linie wäre. Eine Küste verläuft aber nicht gerade, sondern sie ist irregulär gewunden und schließt unter Betrachtung über einem Rastergitter stellenweise eine Fläche ein. Die Küstendimension muss folglich zwischen eins und zwei liegen. Die Behauptung von Mandelbrot ist zudem folgende, dass die Küste unendlich lang sei, sofern die Betrachtung unabhängig von einem bestimmten Maßstab erfolgt. [Vgl. Gleick, 1987, S. 94-96]

---

4 Aus dem lateinischen: concordare = einig sein, übereinstimmen

5 Nach Benoit Mandelbrot aus dem lateinischen: fractus,-a,-um = zerbrechen: unregelmäßige Bruchstücke erzeugen (im Sinne von irregulär)

3.2 Die Koch Kurve

Ein Modell für die unendliche Länge der Küste Britanniens liefert die Kochsche Kurve bzw. Schneeflocke. In diesem Modell, zur Verdeutlichung und Berechnung einer fraktalen Dimension, wird jede Seite eines gleichschenkeligen Dreieckes in drei Teile zerlegt. Der Mittelteil jeder Seite wird herausgenommen und durch 2 Teile gleicher Länge ersetzt.

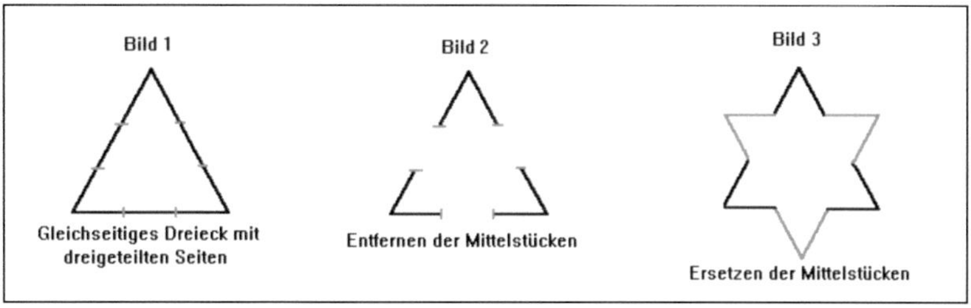

Abbildung 1: Konstruktion der Koch Kurve

Der Umfang hat sich folglich von 3 auf 3 * 4/3 = 4 erweitert. Wird dies ad infinitum durchgeführt, entsteht eine Figur, die der Form einer perfekten Schneeflocke entspricht. Da der Vorgang des Erweiterns der Schneeflocke in immer kleinere Bereiche unbegrenzt ist, wirkt augenscheinlich ein Kreis, der um die Koch Kurve geschlagen wird, wie eine approximative Annäherung an den wahren Flächeninhalt. Ein Kreis missachtet jedoch die Besonderheiten der Koch Kurve und stellt einzig die Begrenzung der eingeschlossenen Fläche dar. In Wahrheit wird der Umriss der Koch Schneeflocke immer detaillierter, dennoch bleibt die eingeschlossene Fläche immer kleiner als die eines Kreises. Die Spitzen überschneiden sich selbst nie und durchbrechen auch nicht den Kreis, da jedes Dreieck immer weniger Raum für sich in Anspruch nimmt. Jede Transformation vergrößert folgerichtig den Umfang bis in das scheinbar Unendliche.

Bei der Berechnung der fraktalen Dimension der Koch Kurve gilt, dass die Anzahl der Teilstücke, die nach der Erweiterung aus einer Seite entstehen stets 4 ist (n = 4). Des Weiteren ergibt sich durch einen Skalierungsgrad von s = 3 als Potenzgesetzt $s^D = n$, in dem D als Dimension auftritt. Der Skalierungsgrad gibt die Anzahl der Teilstücke vor der Erweiterung an oder anders formuliert, jedes Teilstück besitzt die Länge von 1/3 im

Verhältnis zu der ursprünglichen Gesamtlänge. Dieser Verkleinerungsfaktor ist gleich dem reziproken Wert des Skalierungsgrades. Das Auflösen der Gleichung nach der Dimension durch logarithmieren ergibt:

D = log (n) / log (s)

D = log (4) / log (3) = 1,262

als Dimension der Koch Kurve.

3.3 Selbstähnlichkeit

Eine besondere Eigenschaft der fraktalen Geometrie ist die Selbstähnlichkeit. Ein geometrisches Gebilde weist dann exakte Selbstähnlichkeit auf, wenn jeder Teil des Gebildes eine exakte Kopie des gesamten Gebildes ist. Die Kochkurve besitzt diese Eigenschaft, da sie an jeder Stelle unabhängig vom Maßstab exakt dieselbe Struktur bzw. Komplexität aufzeigt. Die Komplexität der Figuren der Euklidischen Geometrie wird dagegen bei einer Vergrößerung kontinuierlich reduziert. Daraus folgernd entsteht bei stetiger Vergrößerung eines euklidischen Kreises eine Gerade.

Die Selbstähnlichkeit der geometrischen Objekte in der fraktalen Geometrie basiert schließlich darauf, dass der Algorithmus, mit dessen Hilfe ein solches Objekt entsteht, mehrmals hintereinander wiederholt wird, was als Iteration bezeichnet wird. Mandelbrot ließ dazu von einem Computer für jeden Punkt eines Koordinatensystems (x-/y-Grenzen je -2 und +2) mehrmals eine komplexe Zahl Z quadrieren und eine konstante komplexe Zahl C addieren, wobei das Ergebnis ($f(Z) = Z^2 + C$) jeweils den nächsten Rechenschritt Z repräsentierte. Da die Ergebnisse aufeinander aufbauen, gilt $Z_{n+1} = (Z_n)^2 + C$. Folglich hängt das Endergebnis insbesondere von dem Startwert Z_1 ab. Das Resultat dieses Experiments stellte nun die Mandelbrotmenge dar. [Vgl. Briggs; Peat, 1990, S. 141]

Bei Maßstabsänderung der natürlichen Gebilde wie Bäume, Wolken, Berge oder einer Küstenlinie zeigt sich, dass die Selbstähnlichkeit nicht immer exakt sein muss. Die Ähnlichkeit dieser Naturfraktale ist nicht streng, sondern stochastisch. Ein Farnblatt beispielsweise besteht aus vielen kleineren Blättern, die dem gesamten Blatt sehr ähnlich sehen.

3.4 Anwendung auf die Küstenlinie Britanniens

Abbildung 2: Kochsche Küstenlinie

Wie lang ist die Küste Britanniens? Diese Fragestellung soll zeigen, dass die kleinsten Irregularitäten zu falschen Schlussfolgerungen führen können.

Eine Messung der Küstenlänge von einem Flugzeug aus entspricht in keiner Weise der Realität, da sich aufgrund der Flughöhe kleine Buchten augenscheinlich begradigen und nicht mehr als solche wahrgenommen werden können. Dies führt zu Ungenauigkeiten in der Messung. Selbst bei einem Abschreiten der Küste, wobei wiederholt gerade Stäbe mit einem halben Meter Länge aneinander gelegt werden, wäre das Ergebnis zu ungenau und folglich nur eine approximative Annäherung. Letztendlich ist jeder Versuch einer präzisen Messung der Küstenlinie zum Scheitern verurteilt, da auch bei jedem noch so klein gewählten Maßstab Irregularitäten auftreten. Diese gehen bis in den nicht mehr sichtbaren Bereich atomarer Größen hinein. Die Schlußfolgerung ist nun, dass je kleiner der Maßstab, desto mehr wächst die approximierte Länge an und das schließlich unbegrenzt wie an dem Beispiel der Koch Kurve gezeigt wurde. Die Behauptung, die Länge sei unendlich ist somit bei Maßstabsunabhängigkeit wahr.

Die Koch Kurve verdeutlicht nun die Problematik, dass sich ein unendlicher Umfang einer Figur nicht durch eine Euklidische Geometrie erfassen läßt. Die Auflösung ganzzahliger hin zu gebrochenen bzw. fraktalen Dimensionen ist notwendig zur Charakterisierung und Beschreibung von Irregularitäten und zur Überwindung unbestimmbarer Längen. Die Küstenlinie Britanniens muss, wie die Koch Kurve, als Fraktal mit einer Dimension zwischen 1 und 2 angesehen werden. Aufgrund der komplexen Berechnung wird eine Dimension von ca. 1,26 angenommen, da für die Küstenlinie die Struktur der Koch Kurve nach Abb. 2 zugrunde gelegt wird.

4 Anwendungsbereiche von Fraktalen und deren Zusammenhang zur Chaostheorie

Der Zusammenhang zwischen chaotischen Systemen und Fraktalen ergibt sich aus deren gemeinsamen Eigenschaften. Fraktale basieren auf Gleichungen und Vorschriften durch die das Erscheinungsbild der Fraktale bestimmt wird. Das gesamte Fraktal scheint dabei jedoch auf Zufall zu basieren. Auch chaotische Systeme und deren dynamische Verläufe werden durch bestimmte Regeln bestimmt, die physikalischen Gesetzen gleichkommen. Die Regeln werden ersichtlich, wenn bei der Betrachtung eines chaotischen Systems ein ausreichend kleiner Betrachtungsmaßstab gewählt wird. Das chaotische System in seinem Ganzen erscheint dabei wiederum als völlig willkürlich und nicht berechenbar. Diese gemeinsame Eigenschaft macht es möglich, die Struktur von Chaos mittels Fraktalen bildlich darzustellen. Eine weitere verbindende Eigenschaft zwischen Fraktalen und Chaos zeigt sich bei bereits kleinsten Änderungen der Ausgangswerte der Systeme. In beiden Systemen kommt es durch solche Änderungen zu empfindlichen Reaktionen, dem so genannten Schmetterlingseffekt.[6] [Vgl. Homeyer; Hornberg; Kunze; u. A., 2005b]

Heute sind die Anwendungsbereiche der fraktalen Geometrie äußert vielseitig. Ihre Eigenschaft unregelmäßige, zerklüftete und aufgebrochene Formen zu beschreiben, zu berechnen und letztendlich darstellen zu können, führt zu einem umfangreichen Anwendungsgebiet in den unterschiedlichsten Wissenschaftsbereichen. Dabei erfährt die fraktale Geometrie insbesondere bei der Beschreibung von Oberflächen eine hohe Relevanz. Mandelbrots Geometrie ist somit u. a. eine leistungsfähige Methode, Unebenheiten der Erdoberfläche zu beschreiben oder die Belastbarkeit von Metallen und Gestein über deren fraktale Oberfläche zu bestimmen. Strukturen, die nach der klassischen Geometrie als chaotisch betrachtet wurden, bekommen nun eine geordnete und verständliche Form. Auch bei zwei Oberflächen, die in Berührung stehen - etwa bei der Gummimischung eines Autoreifens und dem Asphalt einer Straße oder bei

[6] Der Ausdruck Schmetterlingseffekt beruht auf den amerikanischen Meteorologen Edward Lorenz. Dabei beschreibt der Ausdruck das Phänomen, dass kleinste Ursachen große Auswirkungen nach sich ziehen können.

elektrischen Kontakten von elektronischen Baugruppen - hilft die Fraktaldimension Probleme zu lösen. Durch die Wahl eines ausreichend kleinen Betrachtungsmaßstabes wird erkennbar, dass sich die Oberflächen bei Kontakt nicht gänzlich vollständig berühren. [Vgl. Gleick, 1990, S. 157]

Auch in der Medizin findet die „neue Mathematik der Fraktalgeometrie“ einen Anwendungsschwerpunkt. In sehr vielen Bereichen des menschlichen Körpers konnten durch Mandelbrots Erkenntnisse fraktale Strukturen gefunden und mit diesem neuen Wissen der Impuls für weitere wichtige Forschungsschritte gegeben werden. So wurde erkannt, dass die Verzweigungen im Blutgefäßsystem, die Bronchialverästelungen in den Bronchien sowie die Oberfläche der Lunge und das Gewebe im Verdauungstrakt fraktale Strukturen aufzeigen. [Vgl. Gleick, 1990, S. 160-162]

Weitere Anwendungsschwerpunkte finden sich zudem bei der visuellen Darstellung von Bildern und Filmmaterialien sowie bei der Reduktion des Datenumfangs von Bildern mittels fraktaler Kompression. Mit Hilfe von Computerprogrammen wurde es möglich fraktale Gebilde wie z.B. ganze Landschaften aus Wolken, Bergen und Bäumen realistisch und naturgetreu am Computer generieren zu können. Diese Methode findet nicht nur bei der Filmindustrie in Hollywood Anwendung sondern auch zum Beispiel bei der visuellen Darstellung der Wettervorhersage im Fernsehen. [Vgl. Peitgen; Jürgens; Saupe, 1992, S. 483-492; Vgl. Homeyer; Hornberg; Kunze; u.A., 2005a] Bei der Reduktion des Datenumfangs von Bildern mittels fraktaler Kompression werden Bildbereiche durch Fraktalformeln beschrieben. Die Datenmengenreduktion ist vor allem vor dem Hintergrund der Bildübertragung per Internet als fortschrittlich zu sehen.

5 Schlußbetrachtung

Die Analyse hat gezeigt, dass Mandelbrots Beiträge bezüglich der fraktalen Geometrie einen Meilenstein in der Chaosforschung darstellen. Dabei ist die Fraktale Geometrie nicht etwa als Ersatz der bis dahin allein gültigen Euklidischen Geometrie zu verstehen, sondern als wichtige Ergänzung.

Die in Kapitel 2 dargestellten Grenzen der Euklidischen Geometrie beziehen sich insbesondere auf natürliche Objekte. Allerdings findet die Euklidische Geometrie nach wie vor Anwendung z. B. im Bereich der Architektur, bei der auch heutzutage noch die klassischen Formen vorherrschend sind.

Wie in Kapitel 3 gezeigt, ist es nun durch die Fraktalgeometrie möglich, neben den glatten und abgerundeten Formen der Euklidischen Geometrie auch gezackte, widerborstige und somit vor allem natürliche Formen unserer Umwelt ausreichend genau zu beschreiben. Mathematische Monster wie die Koch Kurve dienen dabei der Beschreibung von unendlicher Länge bei Fraktalen Gebilden wie einer Küstenlinie. Real existierende Beispiele für Selbstähnlichkeit sind unter anderem die Verästelung von Blutgefäßen, Teile eines Blumenkohls und Farnblätter.

Die hohe Bedeutung von Mandelbrots Erkenntnissen zeigt sich nicht zuletzt in den umfangreichen Anwendungsbereichen der unterschiedlichsten Wissenschaftsgebiete. So ist damit zu rechnen, dass auch zukünftig die Fraktalgeometrie zu neuen Forschungsergebnissen führen wird.

Literaturverzeichnis

Becker, O.; Hoffmann, J.E. [Becker; Hoffmann, 1991]: Geschichte der Mathematik, Bonn, 1991.

Böhm, J.; Börner, W.; Hertel, E.; u.A. [Böhm; Börner; Hertel; u.A., 1975]: Geometrie, II. Analytische Darstellung der euklidischen Geometrie, Abbildungen als Ordnungsprinzip in der Geometrie, geometrische Konstruktionen, Berlin, 1975.

Briggs, J.; Peat, F.D. [Briggs; Peat, 1990]: Die Entdeckung des Chaos, Eine Reise durch die Chaos-Theorie, München, Wien, 1990.

Chasles, M. [Chasles 1968]: Geschichte der Geometrie, hauptsächlich mit Bezug auf die neueren Methoden, aus dem Französischen übertragen durch: Dr. L.A. Sohncke, Dr. Martin Sändig Verlag, Wiesbaden, 1968.

Gleick, J. [Gleick 1990]: Chaos - die Ordnung des Universums. Vorstoß in Grenzbereiche der modernen Physik, München, 1990.

Gleick, J. [Gleick 1987]: Chaos - Making a new science, Viking Penguin Inc., New York, 1987.

Holland, G. [Holland 1974]: Geometrie für Lehrer und Studenten, Band 1, Kongruenzgeometrie, Hermann Schroedel Verlag KG, Dortmund, 1974.

Homeyer, A.; Hornberg, O.; Kunze, T.; u.A. [Homeyer; Hornberg; Kunze; u.A., 2005a]: Welche Bedeutung kommt der fraktalen Mathematik (Geometrie) zu? URL: http://www.fractalcenter.de/definition.php (22.11.2005).

Homeyer, A.; Hornberg, O.; Kunze, T.; u.A. [Homeyer; Hornberg; Kunze; u.A., 2005b]: Welcher Zusammenhang besteht zwischen Fraktalen und Chaos? URL: http://www.fractalcenter.de/definition.php (22.11.2005).

Kaiser, H.; Nöbauer, W. [Kaiser; Nöbauer, 1984]: Geschichte der Mathematik für den Schulunterricht, Verlag Hölder-Pichler-Tempsky, Wien, 1984.

Kropp, G. [Kropp, 1969]: Geschichte der Mathematik, Probleme und Gestalten, Heidelberg, 1969.

Mandelbrot, B. B. [Mandelbrot, 1983]: The Fractal Geometry of Nature, USA, 1977, 1982, 1983.

Mandelbrot, B. B. [Mandelbrot, 1999]: Die fraktale Geometrie der Natur, Birkhäuser Verlag, Basel, Berlin, Boston, 1999.

Peitgen, H.-O.; Jürgens, H.; Saupe, S. [Peitgen; Jürgens; Saupe, 1992]: Bausteine des Chaos – Fraktale, Berlin, Heidelberg, Stuttgart, 1992.

Scheid, H. [Scheid 2001]: Elemente der Geometrie, 3. Auflage, Spektrum Akademischer Verlag, Heidelberg, 2001.

Scriba, C.J., Schreiber, P. [Scriba; Schreiber, 2002]: 5000 Jahre Geometrie, Geschichte, Kulturen, Menschen, erster korrigierter Nachdruck, Springer Verlag, Berlin, Heidelberg, New York, 2002.

Stein, M. [Stein 1999]: Geometrie, Mathematik Primarstufe, Spektrum Akademischer Verlag, Heidelberg, Berlin, 1999.